Abdelhafid Mimouni

# Cádmio: Toxicidade e soluções

Abdelhafid Mimouni

# Cádmio: Toxicidade e soluções

ScienciaScripts

Cover image: www.ingimage.com

This book is a translation from the original published under ISBN 978-620-6-72759-0.

Publisher:
Sciencia Scripts
is a trademark of
Dodo Books Indian Ocean Ltd. and OmniScriptum S.R.L publishing group

120 High Road, East Finchley, London, N2 9ED, United Kingdom
Str. Armeneasca 28/1, office 1, Chisinau MD-2012, Republic of Moldova, Europe
Managing Directors: Ieva Konstantinova, Victoria Ursu
info@omniscriptum.com

Printed at: see last page
**ISBN: 978-620-8-51651-2**

# Cádmio: Toxicidade e soluções

**Autor** : Dr. Abdelhafid Mimouni : Investigador independente em química

Doutor em Química pela Universidade de Paris XII

(1997) e um Diplôme des Études Approfondies en Systèmes

Bioinorganiques

pela Universidade de Paris XI (93), uma licenciatura e um mestrado em

química (91,

92).

**Resumo:** O cádmio é um metal pesado com efeitos tóxicos comprovados, omnipresente em vários sectores como a indústria e a agricultura. A sua toxicidade manifesta-se principalmente através de danos nos rins, fígado e sistema imunitário, podendo também interferir com metais essenciais como o zinco, agravando assim os seus efeitos nocivos. A contaminação com cádmio coloca sérios desafios ambientais, afectando a biodiversidade e a saúde dos ecossistemas através da bioacumulação na cadeia alimentar. Perante estes desafios, é crucial implementar estratégias de prevenção, tais como regulamentação rigorosa, práticas agrícolas sustentáveis e campanhas de sensibilização. A descontaminação dos sítios poluídos deve também ser uma prioridade, recorrendo a métodos como a fitorremediação e a estabilização dos solos. A mobilização de todos, dos governos aos cidadãos, é essencial para reduzir a exposição ao cádmio e garantir um futuro mais seguro e saudável para todos.

# Índice

# Introdução

O cádmio é um metal pesado, amplamente reconhecido pela sua toxicidade e impacto ambiental. Descoberto no início do século XIX, é extraído principalmente de minérios como a esfalerite, frequentemente como subproduto da produção de zinco. Utilizado numa grande variedade de aplicações industriais, o cádmio é utilizado no fabrico de baterias, pigmentos e revestimentos, bem como na eletrónica e na indústria fotovoltaica. A sua versatilidade e propriedades anti-corrosivas tornaram-no um material popular, mas estas mesmas caraterísticas também contribuem para a sua persistência no ambiente.

A importância do estudo da toxicidade do cádmio não pode ser subestimada. A exposição humana, quer seja profissional ou ambiental, apresenta sérios riscos para a saúde. O cádmio acumula-se nos tecidos biológicos, nomeadamente nos rins e no fígado, onde pode causar danos a longo prazo. Além disso, ao substituir o zinco em certas proteínas essenciais, perturba funções biológicas cruciais, conduzindo a efeitos nocivos no metabolismo celular.

O impacto da contaminação pelo cádmio não se limita à saúde humana, afectando também os ecossistemas e a biodiversidade. Tendo em conta os níveis crescentes de poluição e a utilização continuada deste metal em várias indústrias, é essencial uma avaliação exaustiva dos seus efeitos tóxicos para que se possam desenvolver estratégias eficazes de prevenção e remediação. Este livro explora em pormenor a toxicidade do cádmio, os seus mecanismos de ação e as consequências da exposição, com o objetivo de sensibilizar e informar sobre esta ameaça ambiental persistente.

# Capítulo 1: Propriedades do cádmio

## Caraterísticas químicas e físicas

O cádmio é um metal pesado, classificado no grupo 12 da tabela periódica. O seu símbolo químico é Cd e o seu número atómico é 48. Este metal prateado é dúctil e maleável, com um ponto de fusão de 321,1°C e um ponto de ebulição de 765°C. A sua densidade é relativamente elevada, cerca de 8,65 g/cm³, o que o torna mais pesado do que a maioria dos metais comuns.

Quimicamente, o cádmio é moderadamente reativo. Forma óxidos, sulfuretos e complexos com vários ligandos, o que facilita a sua ligação a outros elementos. Sob a forma de ião cádmio II, é a forma mais tóxica, acumulando-se nos tecidos biológicos, nomeadamente nos rins e no fígado.

## Semelhanças entre o cádmio e o zinco: um perigo para as proteínas

O cádmio (Cd) e o zinco (Zn) partilham um certo número de caraterísticas físico-químicas que explicam a sua interação nos sistemas biológicos, nomeadamente a sua ligação a determinadas proteínas.

## Propriedades físicas e químicas comuns

1. **Posição na tabela periódica :**
   - O cádmio e o zinco são ambos metais de transição do grupo 12 da tabela periódica. Isto significa que têm uma

configuração eletrónica semelhante, o que torna o seu comportamento químico comparável.

2. **Tamanho e carga :**
   - Os iões de cádmio e zinco têm tamanhos iónicos semelhantes, com raios iónicos próximos ($Zn^{2+}$: 0,74 Å; $Cd^{2+}$: 0,97 Å). Esta semelhança de tamanho significa que eles podem ser substituídos uns pelos outros em certas estruturas de proteínas sem perturbar significativamente a conformação da proteína.
3. **Estado de oxidação :**
   - Os dois metais partilham um estado de oxidação comum (+2), o que lhes permite interagir de forma semelhante com ligandos biológicos, como os grupos tiol (-SH) presentes nos aminoácidos.

**Impacto nas proteínas**

Estas caraterísticas permitem que o cádmio se ligue a certas proteínas que são normalmente reguladas pelo zinco. Eis alguns exemplos:

1. **Metalotioneínas :**
   - Estas pequenas proteínas, ricas em cisteína, têm uma elevada afinidade para iões metálicos. O cádmio pode ligar-se a estas

proteínas em vez do zinco, reduzindo a disponibilidade de zinco para funções enzimáticas essenciais.

2. **Proteínas que contêm sítios de ligação ao zinco :**
   - Muitas proteínas, incluindo enzimas e factores de transcrição, requerem zinco para a sua atividade. A substituição do zinco pelo cádmio pode perturbar as funções biológicas normais, conduzindo a efeitos adversos como perturbações na sinalização celular e no metabolismo.
3. **Stress oxidativo :**
   - A presença de cádmio nas proteínas pode induzir stress oxidativo, uma vez que pode gerar radicais livres e perturbar o equilíbrio redox nas células, conduzindo a danos nas células e nos tecidos.

**Conclusão:** A semelhança físico-química entre o cádmio e o zinco realça a importância de uma regulação adequada dos metais nos organismos vivos. A incapacidade das proteínas para distinguir entre estes dois metais pode ter consequências graves, que vão desde a disfunção enzimática até efeitos citotóxicos mais alargados. Por isso, é essencial monitorizar e gerir os níveis de cádmio no ambiente, a fim de evitar os seus efeitos deletérios na saúde humana e nos ecossistemas.

## Fontes de exposição

Existem muitas fontes diferentes de exposição ao cádmio, principalmente na agricultura e na indústria:

1. **Agricultura :**
   - Os adubos fosfatados, frequentemente utilizados na agricultura, podem conter níveis significativos de cádmio. Este metal acumula-se no solo e pode ser absorvido pelas culturas, levando à contaminação de produtos hortícolas e cereais. Os consumidores destes produtos podem, por conseguinte, ser expostos a níveis de cádmio mais elevados do que os presentes no solo.
2. **Indústria:**
   - A produção de pilhas, nomeadamente de pilhas de níquel-cádmio, é uma das principais fontes de exposição. Os processos de fabrico e eliminação destas pilhas podem libertar cádmio para o ambiente.
   - O cádmio é também utilizado no fabrico de pigmentos para tintas e plásticos e em ligas metálicas. Os trabalhadores destes sectores estão particularmente expostos a riscos.
3. **Água e sedimentos :**
   - O cádmio pode chegar à água potável através da poluição industrial ou da erosão dos solos. Os sedimentos aquáticos

podem acumular este metal, expondo os organismos aquáticos e os consumidores destes recursos.

4. **Produtos de consumo :**

    - Alguns produtos de consumo, como jóias de metal, cosméticos e artigos de plástico, podem conter cádmio. A utilização destes produtos pode levar a uma exposição crónica.

# Capítulo 2: Mecanismos de toxicidade

**Interação com metais essenciais, em especial o zinco**

O cádmio (Cd) exerce a sua toxicidade principalmente através da interação com metais essenciais, em particular o zinco (Zn). Devido à sua semelhança físico-química, o cádmio pode substituir o zinco em certas proteínas, o que pode perturbar as suas funções biológicas.

**Proteínas dependentes do zinco**

Muitas proteínas do organismo necessitam de zinco como cofator. Seguem-se alguns exemplos destas proteínas e das funções que desempenham:

1. **Enzimas :**
   - **Carboxipeptidases**: Estas enzimas, que estão envolvidas na digestão das proteínas, necessitam de zinco para a sua atividade catalítica.
   - **Anidrases carbónicas:** Envolvidas no transporte de dióxido de carbono e na manutenção do equilíbrio ácido-base, estas enzimas dependem do zinco para funcionar.
2. **Factores de transcrição :**
   - **Proteínas de dedo de zinco:** Estas proteínas são essenciais para a regulação da expressão genética. Ligam-se ao ADN através de motivos chamados "dedos de zinco", que são estabilizados por iões de zinco. A substituição do zinco pelo

cádmio pode levar a uma regulação incorrecta dos genes, com impacto em processos celulares fundamentais.

3. **Antioxidantes :**
   - **Superóxido dismutase (SOD):** Esta enzima, que desempenha um papel crucial na defesa contra o stress oxidativo, pode conter zinco. A sua substituição por cádmio compromete a atividade da enzima, aumentando a vulnerabilidade das células ao stress oxidativo.
4. **Proteínas envolvidas no metabolismo :**
   - **Álcool desidrogenase**: Esta enzima, essencial para o metabolismo do álcool e de outros substratos, também necessita de zinco para a sua atividade.

## Papel das proteínas de ligação ao cádmio, em especial da metalotioneína

A metalotioneína (MT) é uma pequena proteína rica em cisteína que desempenha um papel fundamental na desintoxicação do cádmio e na regulação dos metais pesados no organismo.

### Estrutura e função da metalotioneína

1. **Estrutura :**
   - A metalotioneína é uma proteína de baixo peso molecular (cerca de 6 a 7 kDa) composta por uma elevada concentração

de resíduos de cisteína. Esta estrutura confere-lhe uma elevada afinidade pelos iões metálicos, permitindo-lhe formar complexos com metais como o cádmio e o zinco.

2. **Função :**
   - A metalotioneína ajuda a desintoxicar os metais pesados ligando-se ao cádmio e reduzindo a sua disponibilidade para outras biomoléculas. Isto ajuda a reduzir os efeitos tóxicos do cádmio, mas quando os níveis de cádmio excedem a capacidade da metalotioneína, podem ocorrer efeitos nocivos.

**Mecanismo de ligação do cádmio no rim e no fígado**

1. **Acumulação em tecidos :**
   - O cádmio acumula-se sobretudo nos rins e no fígado. Nestes órgãos, a metalotioneína liga-se ao cádmio, proporcionando um grau de proteção contra a toxicidade.
2. **Libertação e toxicidade :**
   - Quando os níveis de cádmio excedem a capacidade de ligação da metalotioneína, o cádmio pode ser libertado, interagindo com outras biomoléculas e causando danos celulares. Isto pode perturbar as funções enzimáticas, afetar a regulação da expressão genética e induzir o stress oxidativo, conduzindo a patologias renais e hepáticas.

**Conclusão:**

Os mecanismos de toxicidade do cádmio estão intimamente ligados às suas interações com as proteínas dependentes do zinco e à ação da metalotioneína. A substituição do cádmio pelo zinco nestas proteínas pode comprometer funções biológicas essenciais, sublinhando a importância de uma gestão cuidadosa dos níveis de cádmio no ambiente, a fim de preservar a saúde humana e o ecossistema.

# Capítulo 3: Dose de tolerância e efeitos biológicos

## Valores de tolerância de exposição ao cádmio

Os valores de tolerância para a exposição ao cádmio variam de país para país e de entidade reguladora para entidade reguladora, mas são geralmente concebidos para proteger a saúde humana dos efeitos nocivos deste metal.

1. **Limites de exposição profissional :**
   - A Occupational Safety and Health Administration (OSHA) nos Estados Unidos estabelece um limite de exposição ao cádmio de 5 µg/m³ num dia de 8 horas. Este limite tem como objetivo minimizar o risco de doenças profissionais nos trabalhadores expostos.
2. **Valores de exposição ambiental :**
   - A Agência de Proteção do Ambiente (EPA) estabeleceu uma concentração máxima de cádmio na água potável de 5 µg/L para proteger a saúde pública. Existem diretrizes semelhantes para o solo e os alimentos.
3. **Níveis biológicos :**
   - Os níveis de cádmio no sangue e na urina são utilizados para avaliar a exposição. Níveis de urina superiores a 5 µg/g de creatinina podem indicar uma exposição preocupante.

## Toxicidade do cádmio nos rins e no fígado

O envenenamento por cádmio (Cd) representa um grave risco para a saúde, nomeadamente para os rins e o fígado, dois órgãos essenciais para o metabolismo e a eliminação das toxinas. Eis como o cádmio afecta especificamente estes órgãos:

### Mecanismos de Intoxicação Renal

1. **Acumulação e transporte :**
   - Uma vez ingerido ou inalado, o cádmio é absorvido pela corrente sanguínea e viaja até aos rins, onde se acumula principalmente nos túbulos proximais. Esta acumulação ocorre porque estas células têm uma elevada capacidade de absorção de metais pesados.
2. **Perturbação da função tubular :**
   - O cádmio interfere com vários processos celulares, em particular com a reabsorção de nutrientes e electrólitos. Danifica as membranas celulares e inibe enzimas essenciais, levando à disfunção tubular. As consequências incluem:
     - **Proteinúria:** presença excessiva de proteínas na urina devido a danos nos túbulos, resultando numa perda de proteínas essenciais.
     - **Glicosúria**: Presença de glicose na urina devido à falha dos mecanismos de reabsorção.

3. **Stress oxidativo e inflamação :**
   - O cádmio induz o stress oxidativo ao gerar radicais livres, que causam danos celulares e inflamação. Isto contribui para o agravamento dos danos nos rins e para o comprometimento da função renal, que pode levar a uma insuficiência renal crónica.

## Mecanismos de Intoxicação Hepática

1. **Acumulação hepática :**
   - O cádmio é também absorvido pelo fígado, onde se acumula. O fígado desempenha um papel fundamental no metabolismo das toxinas e é frequentemente a primeira linha de defesa contra os metais pesados.
2. **Perturbações metabólicas :**
   - No fígado, o cádmio perturba o metabolismo dos lípidos e das proteínas. Interfere com a síntese e a degradação dos lípidos, levando à esteatose hepática (acumulação de gordura nas células do fígado).
3. **Toxicidade celular :**
   - Tal como nos rins, o cádmio provoca stress oxidativo, danificando as membranas e os organelos celulares. Isto pode levar à morte celular por apoptose ou necrose, aumentando a libertação de citocinas pró-inflamatórias que agravam a inflamação do fígado.

4. **Efeitos sobre a função hepática :**
   - Os efeitos tóxicos do cádmio no fígado podem resultar numa função hepática deficiente, afectando a desintoxicação e a regulação dos metabolitos. Pode também influenciar a síntese de proteínas plasmáticas, conduzindo a desequilíbrios metabólicos.

**Conclusão:** O envenenamento por cádmio tem efeitos devastadores nos rins e no fígado, levando a uma acumulação tóxica que perturba funções metabólicas essenciais. A compreensão destes mecanismos é crucial para o desenvolvimento de estratégias de prevenção e tratamento destinadas a reduzir o impacto do cádmio na saúde humana.

## Efeitos agudos e crónicos na saúde

A exposição ao cádmio pode provocar efeitos agudos e crónicos, com consequências graves para a saúde.

### Toxicidade renal

1. **Mecanismo de ação :**
   - O cádmio é particularmente tóxico para os rins, onde se acumula e danifica os túbulos renais. Isto perturba a reabsorção de nutrientes e electrólitos, conduzindo a desequilíbrios metabólicos.

2. **Efeitos clínicos :**
    - Os sintomas de toxicidade renal incluem proteinúria (presença de proteínas na urina), glucosúria (presença de glicose na urina) e alterações da função renal. Em casos graves, esta situação pode evoluir para insuficiência renal crónica.

**Impacto no sistema imunitário**

1. **Imunossupressão :**
    - Estudos demonstraram que a exposição ao cádmio pode enfraquecer o sistema imunitário, tornando os indivíduos mais vulneráveis a infecções. O cádmio pode afetar a produção e a função dos linfócitos e dos macrófagos.
2. **Inflamação :**
    - A exposição ao cádmio pode provocar uma resposta inflamatória, que pode alterar a função imunitária e aumentar o risco de doenças auto-imunes.

**Efeitos na reprodução e no desenvolvimento**

1. **Toxicidade para a reprodução :**
    - O cádmio pode ter efeitos adversos na fertilidade. Nos homens, pode afetar a qualidade do esperma e a produção de hormonas. Nas mulheres, pode perturbar o ciclo menstrual e afetar a saúde reprodutiva.

2. **Desenvolvimento embrionário :**
   - Estudos demonstraram que a exposição ao cádmio durante a gravidez pode levar a defeitos congénitos e complicações durante o desenvolvimento fetal. Isto inclui riscos acrescidos de aborto espontâneo, parto prematuro e baixo peso à nascença.
3. **Efeitos a longo prazo :**
   - As crianças expostas ao cádmio no útero ou durante a amamentação podem apresentar défices de desenvolvimento, problemas de comportamento e um risco acrescido de doenças crónicas a longo prazo.

**Conclusão**

Os valores de tolerância para a exposição ao cádmio reflectem a necessidade de proteger a saúde humana dos efeitos agudos e crónicos deste metal tóxico. Os seus efeitos sobre a função renal, o sistema imunitário e a reprodução sublinham a importância de uma gestão rigorosa da exposição ao cádmio no ambiente e no local de trabalho. Uma maior consciencialização e políticas de prevenção eficazes são essenciais para minimizar os riscos associados a este perigoso metal.

# Capítulo 4: Stress oxidativo

## Mecanismos do stress oxidativo induzido pelo cádmio

O stress oxidativo resultante da exposição ao cádmio (Cd) é um processo complexo que envolve vários mecanismos bioquímicos. Aqui está uma exploração mais aprofundada destes mecanismos:

1. **Produção de Radicaux Libres :**
   - **Espécies reactivas de oxigénio (ERO):** O cádmio promove a formação de ERO, como o superóxido ($O_2$-) e o peróxido de hidrogénio ($H_2O_2$). Isto ocorre em particular por:
     - **Ativação da enzima NADPH oxidase:** O cádmio pode ativar esta enzima, que produz ROS em óxido nítrico (NO) e oxigénio molecular ($O_2$), aumentando assim o stress oxidativo.
     - **Interferência com o ciclo do ácido cítrico:** O cádmio perturba as enzimas do ciclo de Krebs, levando à produção excessiva de ROS pelo metabolismo celular.
2. **Inibição de antioxidantes :**
   - **Superóxido Dismutase (SOD):** O cádmio pode inibir a atividade da SOD, impedindo a conversão do superóxido em peróxido de hidrogénio, o que aumenta a concentração de radicais livres.
   - **Glutationa Peroxidase (GPx):** O cádmio também pode inibir a GPx, uma enzima chave que protege as células reduzindo o

peróxido de hidrogénio a água e oxigénio, exacerbando assim o stress oxidativo.

3. **Diminuição do glutatião :**
   - **Depleção de glutatião:** O cádmio induz a depleção de glutatião (GSH), um antioxidante intracelular essencial. Isto ocorre através de :
     - **Oxidação do glutatião:** O cádmio promove a oxidação do GSH em dissulfureto de glutatião (GSSG), reduzindo os níveis de GSH disponíveis para neutralizar os radicais livres.
     - **Inibição da síntese de GSH:** O cádmio pode perturbar a biossíntese do glutatião ao inibir as enzimas envolvidas na sua formação, como a glutamato-cisteína ligase.
4. **Perturbação da sinalização celular :**
   - **Ativação de vias pró-inflamatórias:** O cádmio ativa vias de sinalização como o NF-κB (Fator nuclear kappa-light-chain-enhancer das células B activadas), levando a um aumento da produção de citocinas pró-inflamatórias.
   - **Indução da apoptose:** O cádmio pode ativar as vias apoptóticas estimulando as proteínas pró-apoptóticas, como a Bax, e suprimindo as proteínas anti-apoptóticas, como a Bcl-2, levando à morte celular.

## Efeitos dos radicais livres nas células

Os radicais livres gerados pela exposição ao cádmio causam vários tipos de danos celulares:

1. **Danos lipídicos :**
   - **Peroxidação lipídica:** Os radicais livres atacam os ácidos gordos insaturados das membranas celulares, levando à formação de produtos de degradação tóxicos, como os aldeídos, que prejudicam a fluidez e a integridade das membranas.
   - **Consequências:** Pode levar à lise celular, inflamação e perda de função celular.
2. **Danos no ADN :**
   - **Danos no ADN:** Os ERO podem causar modificações nas bases (como a oxidação da guanina) e quebras de cadeia. Estas lesões podem levar a mutações durante a replicação do ADN.
   - **Reparação do ADN:** As células podem ativar mecanismos de reparação do ADN, mas se os danos forem demasiado extensos, isso pode levar à apoptose ou a transformações cancerígenas.

3. **Danos às proteínas :**
   - **Oxidação de resíduos de aminoácidos :** Os radicais livres podem modificar a cisteína, a metionina e outros resíduos de aminoácidos, alterando a estrutura e a função das proteínas.
   - **Formação de produtos de carbonilação:** Esta modificação pós-translacional das proteínas pode levar à sua degradação e comprometer vias metabólicas essenciais.

**A relação entre o stress oxidativo e a doença**

O stress oxidativo induzido pelo cádmio está ligado a uma série de doenças crónicas através dos seus mecanismos bioquímicos:

1. **Doenças cardiovasculares :**
   - **Disfunção endotelial:** O stress oxidativo leva à inflamação e à disfunção do endotélio vascular, promovendo a aterosclerose.
   - **Stress oxidativo nas plaquetas:** Isto também pode aumentar a agregação plaquetária, aumentando o risco de trombose.
2. **Doença renal :**
   - **Nefrotoxicidade:** A lesão dos túbulos renais devido ao stress oxidativo leva à progressão para insuficiência renal crónica, alterando os mecanismos de reabsorção e excreção.

3. **Cancro:**
    - o **Geração de mutações:** Os danos no ADN promovem a acumulação de mutações, aumentando o risco de cancro, particularmente nos tecidos expostos ao cádmio, como os pulmões e a próstata.
4. **Doenças neurodegenerativas :**
    - o **Degeneração neuronal:** O stress oxidativo contribui para a morte neuronal e a acumulação de proteínas mal dobradas (como a β-amiloide na doença de Alzheimer) é exacerbada pelos radicais livres.
5. **Doenças metabólicas :**
    - o **Resistência à insulina:** O stress oxidativo perturba a sinalização da insulina, contribuindo para o desenvolvimento da diabetes tipo 2 e de outras doenças metabólicas.

## Conclusão

O stress oxidativo induzido pelo cádmio resulta de uma série de mecanismos bioquímicos complexos, conduzindo a efeitos devastadores na saúde celular e contribuindo para numerosas doenças. Uma melhor compreensão destes mecanismos poderia abrir caminho a intervenções específicas para prevenir ou atenuar os efeitos tóxicos do cádmio.

# Capítulo 5: Impactos ambientais

## Contaminação do solo e da água

O cádmio (Cd) é um contaminante ambiental preocupante devido às suas propriedades toxicológicas e à sua persistência no ambiente. As principais fontes de contaminação são as actividades industriais, a agricultura e a utilização de produtos que contêm cádmio.

1. **Fontes de contaminação :**
   - **Indústria:** Os processos industriais, como a produção de pilhas, pigmentos e revestimentos, libertam cádmio para o ambiente. Os resíduos industriais e as águas residuais podem contaminar o solo e os rios.
   - **Agricultura:** A utilização de adubos fosfatados, frequentemente contaminados com cádmio, contribui para a sua acumulação nos solos. As culturas absorvem este metal pesado, que se acumula nas partes comestíveis das plantas.
2. **Transportes e Mobilidade :**
   - O cádmio pode deslocar-se através do solo e atingir o lençol freático, contaminando as águas subterrâneas. A mobilidade do cádmio no solo depende de uma série de factores, incluindo o pH, a composição orgânica e a presença de outros iões metálicos.

3. **Consequências ecológicas :**
   - A contaminação do solo e da água com cádmio tem efeitos deletérios na saúde dos ecossistemas. Os organismos aquáticos, como os peixes e os invertebrados, são particularmente vulneráveis à acumulação de cádmio, que pode afetar a cadeia alimentar.

## Bioacumulação na cadeia alimentar

A bioacumulação de cádmio na cadeia alimentar é um processo que suscita grandes preocupações relativamente à segurança alimentar e à saúde humana.

1. **Mecanismos de bioacumulação :**
   - O cádmio é absorvido pelas plantas e pelos microrganismos do solo, que acumulam quantidades significativas. Os animais herbívoros, ao alimentarem-se destas plantas, incorporam o cádmio nos seus corpos.
   - Ao consumirem presas contaminadas, os predadores também vêem aumentar as concentrações de cádmio nos seus corpos. Este fenómeno é conhecido como biomagnificação.
2. **Efeitos na vida selvagem :**
   - Os organismos aquáticos, em particular os peixes e os moluscos, podem acumular elevadas concentrações de cádmio nos seus tecidos, o que pode afetar a sua saúde e reprodução.

Os efeitos incluem anomalias de desenvolvimento, perturbações neurológicas e aumento da mortalidade.

- A bioacumulação de cádmio nos organismos terrestres, como as aves e os mamíferos, pode ter efeitos semelhantes, comprometendo a sua saúde e sobrevivência.

3. **Riscos para a saúde humana :**
   - O consumo de peixe ou marisco contaminado com cádmio apresenta riscos significativos para a saúde humana, incluindo efeitos adversos nos rins e no fígado, bem como riscos acrescidos de cancro.

**Efeitos nos ecossistemas e na biodiversidade**

A contaminação com cádmio tem efeitos significativos nos ecossistemas e na biodiversidade, pondo em risco a saúde dos habitats naturais.

1. **Impacto na flora e na fauna :**
   - As plantas expostas a concentrações elevadas de cádmio apresentam sinais de toxicidade, como clorose (amarelecimento das folhas), crescimento atrofiado e redução da fotossíntese. Estes efeitos podem reduzir a produtividade dos ecossistemas.
   - A introdução de cádmio na dieta das populações animais pode levar a pressões selectivas que afectam a diversidade genética e a resiliência das espécies.

2. **Perturbação das interações ecológicas :**
    - O cádmio pode perturbar as relações tróficas e as interações entre as espécies. Por exemplo, níveis elevados de cádmio nas presas podem afetar os predadores que delas dependem, perturbando o equilíbrio ecológico.
3. **Efeitos a longo prazo na biodiversidade :**
    - A degradação dos habitats naturais devido à contaminação com cádmio pode levar a uma perda de biodiversidade. As espécies mais sensíveis à toxicidade do cádmio podem diminuir, enquanto outras espécies, frequentemente mais resistentes, podem dominar, conduzindo a uma perda de diversidade.

## Conclusão

O impacto ambiental do cádmio é motivo de preocupação, afectando o solo, a água e os organismos que vivem nestes ecossistemas. A compreensão destes efeitos é essencial para o desenvolvimento de estratégias de gestão e regulamentação destinadas a minimizar a contaminação e a proteger a saúde dos ecossistemas e a biodiversidade.

# Capítulo 6: Práticas de prevenção e correção

**Estratégias para reduzir a exposição ao cádmio**

A prevenção da exposição ao cádmio é essencial para proteger a saúde pública e o ambiente. Eis algumas estratégias eficazes:

1. **Regulamentação e vigilância :**
   - **Normas de qualidade do ar e da água:** Estabelecer limites rigorosos para as concentrações de cádmio no ar, na água e no solo. Organismos como a Agência de Proteção Ambiental (EPA) e a Organização Mundial de Saúde (OMS) recomendam valores máximos para minimizar os riscos para a saúde.
   - **Monitorização regular:** Estabelecer programas de monitorização para detetar os níveis de cádmio nas zonas industriais, agrícolas e urbanas.
2. **Práticas agrícolas sustentáveis :**
   - **Utilização de fertilizantes alternativos:** Incentivar a utilização de fertilizantes orgânicos e de métodos de cultivo que limitem a quantidade de cádmio no solo, como a rotação de culturas e a utilização de culturas de cobertura.
   - **Remediação de solos contaminados:** Aplicar técnicas de descontaminação, como a fitorremediação, que utilizam plantas para extrair ou estabilizar o cádmio no solo.

3. **Educação e sensibilização :**
    - **Campanhas de informação:** Informar os agricultores, os trabalhadores industriais e o público em geral sobre os riscos associados ao cádmio e as melhores práticas para minimizar a exposição.
    - **Formação profissional:** Oferecer formação sobre o manuseamento seguro de materiais contendo cádmio, especialmente em sectores de alto risco como a indústria e a agricultura.
4. **Reduzir as emissões industriais :**
    - **Tecnologias de filtragem:** Instalação de sistemas de filtragem e de captura de emissões nas fábricas para reduzir a libertação de cádmio no ar e na água.
    - **Substitutos do cádmio:** Promover a investigação e o desenvolvimento de materiais alternativos que possam substituir o cádmio em aplicações industriais, como baterias e pigmentos.

## Métodos de descontaminação de locais poluídos

Quando os locais estão contaminados por cádmio, podem ser aplicados vários métodos de remediação para restaurar a segurança ambiental.

1. **Fitoremediação :**
    - **Utilização de plantas :** Certas plantas, conhecidas como hiperacumuladoras, podem absorver quantidades significativas de cádmio. Estas plantas podem ser cultivadas em locais contaminados para extrair o metal do solo, após o que são colhidas e eliminadas de forma adequada.
    - **Vantagens:** Este método é geralmente pouco dispendioso e pode melhorar a qualidade do solo ao mesmo tempo que restaura o ecossistema local.
2. **Estabilização/Solidificação :**
    - **Técnicas de estabilização:** Adicionar agentes estabilizadores ao solo para reduzir a mobilidade do cádmio, tornando-o menos biodisponível para as plantas e os organismos vivos.
    - **Solidificação:** Incorporação de materiais como o cimento para imobilizar o cádmio, impedindo-o de ser libertado para o ambiente.
3. **Escavação e eliminação :**
    - **Remoção do solo contaminado:** Nos casos em que a contaminação é grave, pode ser necessária a escavação do solo contaminado. Este solo é depois transportado para instalações especializadas de tratamento ou aterro.

- **Restauração do local:** Após a escavação, o local pode ser restaurado através da replantação de espécies vegetais adequadas ou da adição de solo limpo.

4. **Tratamento de águas residuais :**
   - **Filtração e Precipitação:** Utilização de processos de filtração avançados para remover o cádmio das águas residuais industriais antes de ser libertado no ambiente.
   - **Técnicas de bioremediação:** aplicação de métodos biológicos, utilizando microrganismos, para degradar ou imobilizar o cádmio na água contaminada.
5. **Controlo pós-remediação :**
   - **Avaliação dos resultados:** Uma vez implementados os métodos de descontaminação, é essencial monitorizar o local para garantir que os níveis de cádmio se mantêm abaixo dos limites aceitáveis.
   - **Monitorização ecológica:** Avaliação da recuperação dos ecossistemas circundantes e da biodiversidade após a descontaminação, a fim de medir a eficácia das acções empreendidas.

Em resumo, as práticas de prevenção e correção são cruciais para a gestão dos riscos associados ao cádmio. Através de uma combinação de regulamentação, educação e técnicas de descontaminação, é possível reduzir a exposição ao cádmio e proteger a saúde humana e ambiental.

# Conclusão

A toxicidade do cádmio é um importante problema de saúde pública e ambiental. Este metal pesado, omnipresente em vários sectores como a indústria, a agricultura e o tabagismo, apresenta riscos significativos para a saúde humana, incluindo efeitos nocivos nos rins, no fígado e no sistema imunitário. A sua capacidade de interagir com metais essenciais, como o zinco, e de se acumular na cadeia alimentar sublinha a necessidade de uma maior vigilância no que respeita às suas fontes de exposição.

As consequências da contaminação pelo cádmio não se limitam aos efeitos na saúde humana, estendendo-se também aos ecossistemas, com impactos na biodiversidade e na integridade dos habitats naturais. A bioacumulação na fauna aquática e terrestre, bem como a degradação dos solos, agravam a crise ambiental, exigindo uma ação imediata para evitar a propagação deste contaminante.

É fundamental apelar a uma sensibilização colectiva e a uma ação concertada para reduzir a exposição ao cádmio. Isto inclui a aplicação de regulamentos rigorosos, o desenvolvimento de práticas agrícolas sustentáveis, a educação dos consumidores e dos trabalhadores e a adoção de tecnologias de descontaminação eficazes. Devem ser intensificados os esforços para remediar os locais poluídos, a fim de restaurar os ecossistemas e proteger as gerações futuras.

Em suma, a luta contra a toxicidade do cádmio exige a mobilização de todos: governos, indústrias, comunidades e indivíduos. Juntos, podemos trabalhar para um futuro mais seguro e saudável, em que os riscos associados ao cádmio sejam minimizados, garantindo a proteção da nossa saúde e do nosso ambiente.

## Referências

1. Hutton, M. e Symon, C. (1996). "Cádmio no ambiente: uma revisão dos efeitos na saúde". *Environmental Health Perspectives*, 104(Suppl 3), 453-462. DOI: 10.1289/ehp.96104s3453.
2. Jarup, L. (2003). "Riscos da contaminação por metais pesados". *British Medical Bulletin*, 68(1), 167-182. DOI: 10.1093/bmb/ldg032.
3. Liu, J. et al (2006). "Metalotioneínas: Biologia Molecular e Aplicações Clínicas". *Biotechnology Advances*, 24(3), 188-197. DOI: 10.1016/j.biotechadv.2006.01.002.
4. Klaassen, C. D. et al. (2009). "Metalotioneína: uma chaperona intracelular de metais pesados". *Toxicological Sciences*, 109(2), 281-290. DOI: 10.1093/toxsci/kfp061.
5. Reilly, C. (1991). "Metal Contamination of Food". Chapman and Hall.
6. Organização Mundial de Saúde (OMS). (2011). "Cádmio: Critérios de saúde ambiental". Imprensa da OMS.
7. Agência de Proteção Ambiental dos Estados Unidos (EPA). (2008). "Cádmio: Efeitos na saúde". EPA.
8. Agência Internacional de Investigação do Cancro (IARC). (1993). "Cádmio e compostos de cádmio". *IARC Monographs on the Evaluation of Carcinogenic Risks to Humans*, Volume 58.
9. Mason, J. et al (2004). "Cádmio: um metal tóxico". *Toxicologia e Química Ambiental*, 23(4), 965-974. DOI: 10.1897/03-148.

10. Sies, H. (1991). "Stress oxidativo: da investigação básica à aplicação clínica". *The American Journal of Medicine*, 91(3), 31S-38S. DOI: 10.1016/0002-9343(91)90281-8.

11. Cohen, J. J. (1997). "Stress oxidativo e apoptose". *Journal of Investigative Medicine*, 45(1), 1-6. DOI: 10.2310/jim.1997.45.1.1.

12. Schmidt, H. H. et al (2000) "Nitric Oxide: An Overview." *Journal of Investigative Medicine*, 48(5), 325-328. DOI: 10.2310/jim.2000.48.5.325.

13. Nair, A. et al. (2010). "Metais pesados e os efeitos do stress oxidativo na saúde". *Journal of Environmental Science and Health, Part A*, 45(1), 11-19. DOI: 10.1080/10934520903425675.

14. Alloway, B. J. (2013). "Metais Pesados em Solos: Metais Traço e Metalóides em Solos e sua Biodisponibilidade". Springer Science & Business Media.

15. Cunningham, J. A. et al. (2007). "Impacto ambiental do cádmio". *Environmental Health Perspectives*, 115(6), 885-891. DOI: 10.1289/ehp.9853.

16. Ghosh, M. et al. (2016). "Poluição por metais pesados no ambiente: fontes, efeitos e soluções". *Environmental Science and Pollution Research*, 23(12), 11944-11963. DOI: 10.1007/s11356-016-6240-0.

17. Baker, A. J. M. et al. (1994). "Fitorremediação de solos contaminados com metais pesados". In: *Plants for Environmental Studies*. Horticultural Reviews, 15, 1-40.

18. Agência de Proteção Ambiental dos EUA (EPA). (2007). "Cádmio: Efeitos na saúde". Gabinete de Água da EPA.

19. Salt, D. E. et al. (1995). "Phytoremediation". *Environmental Science & Technology*, 29(5), 8A-14A. DOI: 10.1021/es00005a001.

20. Kumar, P. et al. (2017). "Remediação de solo contaminado com metais pesados: uma revisão". *Monitorização e Avaliação Ambiental*, 189(6), 286. DOI: 10.1007/s10661-017-6176-7.

21. Agência para o Registo de Substâncias Tóxicas e Doenças (ATSDR). (2012). "Perfil toxicológico do cádmio".

22. Comissão Europeia. (2019). "Cádmio nos alimentos: Regulamento (UE) 2015/1005."

23. Programa das Nações Unidas para o Ambiente (PNUA). (2019). "Avaliação Global do Mercúrio 2018".

**Glossário :**

1. Metal pesado: Grupo de metais e metalóides com elevada densidade e efeitos tóxicos na saúde humana e no ambiente.
2. Dúctil: Capacidade de um metal ser esticado sem se partir.
3. Maleável: Capacidade de um metal se deformar sem se partir.
4. Oxidação: Reação química em que um elemento perde electrões, frequentemente acompanhada por um aumento do estado de oxidação.
5. Bioacumulação: Processo pelo qual as substâncias tóxicas se acumulam nos tecidos de um organismo em concentrações mais elevadas do que no ambiente.
6. Antioxidante : Substância que inibe a oxidação de outras moléculas, protegendo as células dos danos causados pelos radicais livres.
7. Apoptose: Processo de morte celular programada, essencial para o desenvolvimento e manutenção de tecidos saudáveis.
8. Cádmio (Cd): metal pesado tóxico presente no ambiente, utilizado em várias aplicações industriais, mas também associado a efeitos nocivos para a saúde.
9. Danos oxidativos: Danos causados pelos radicais livres aos lípidos, proteínas e ADN, que podem conduzir a doenças crónicas.
10. Espécies reactivas de oxigénio (ERO): Moléculas instáveis que contêm oxigénio e que podem causar danos nas células; inclui radicais livres como o superóxido e o peróxido de hidrogénio.

11. Glutatião (GSH): O principal antioxidante do organismo, composto por três aminoácidos (glutamato, cisteína e glicina) e crucial para a proteção celular contra o stress oxidativo.
12. Metalotioneína: Proteína de ligação a metais que se liga ao cádmio e a outros metais pesados, desempenhando um papel na desintoxicação.
13. Nefrotoxicidade: Toxicidade específica para os rins, que pode levar a disfunção renal e doença renal crónica.
14. Peroxidação lipídica: Processo pelo qual os radicais livres danificam as membranas celulares alterando os ácidos gordos insaturados, levando à degradação dos lípidos.
15. Radicais livres: Átomos ou moléculas que contêm electrões não emparelhados, altamente reactivos e capazes de causar danos nas células.
16. Stress oxidativo: Uma condição em que existe um desequilíbrio entre a produção de radicais livres e a capacidade do organismo para os neutralizar, provocando danos nas células.
17. Toxicidade crónica: efeitos adversos para a saúde causados pela exposição prolongada a substâncias tóxicas como o cádmio.
18. Vias de sinalização celular: Redes de proteínas e moléculas nas células que transmitem sinais para regular várias funções biológicas, incluindo a resposta ao stress.

19. Inibição enzimática: Processo pelo qual uma substância (como o cádmio) impede uma enzima de desempenhar a sua função, afectando assim as vias metabólicas.
20. Acumulação: O processo pelo qual uma substância, como o cádmio, se acumula nos tecidos de um organismo ao longo do tempo.
21. Biomagnificação: Aumento da concentração de uma substância tóxica nos organismos à medida que esta sobe na cadeia alimentar.
22. Contaminação: A presença indesejável de substâncias nocivas no ambiente que podem prejudicar a saúde humana, animal ou vegetal.
23. Ecossistema: Todos os organismos vivos e o seu ambiente físico que interagem como um sistema funcional.
24. Flora: Conjunto das espécies vegetais de uma determinada região ou ecossistema.
25. Fauna: Todas as espécies animais de uma determinada região ou ecossistema.
26. Persistência: Capacidade de uma substância química permanecer no ambiente sem se decompor ou degradar.
27. Solo: Camada superficial da crosta terrestre, constituída por minerais e matéria orgânica, onde crescem as plantas.
28. Toxicidade: Capacidade de uma substância para provocar efeitos nocivos nos organismos vivos. 29

Printed by Books on Demand GmbH, Norderstedt / Germany